水生野生动物科普系列

你好，长江江豚

下册

周晓华 主　　编
高宝燕 执行主编

下册主编：轩荣萍　夏　清

中国农业出版社
北　京

《你好，长江江豚》
编 委 会

主　　编：周晓华

执行主编：高宝燕

副 主 编：王继承

手　　绘：罗冉璟

视觉设计：浦高歌

装帧设计：王春旭

工作人员：林　杉　何诗雨

《你好，长江江豚》（下册）

主　　编：轩荣萍　夏　清

编写人员：轩荣萍　夏　清　顾菲丽　张　莉　刘治文

感谢李碧武、李佳、万昱对本书的大力支持！

前言

长江一直是水生动物的伊甸园，它们种类繁多，自由自在地在长江及其支流和湖泊中游弋。由于人类活动的影响，曾使得长江生态环境恶化。

长江江豚（简称江豚），目前已属极度濒危物种，作为长江水体食物链顶端的生物，其种群状况是长江水生生态系统健康的重要指标。

严峻的现实，为我们敲响了保护长江、保护长江江豚的警钟。“长江大保护”“长江保护法”“长江十年禁渔”的实施都是为了恢复长江生态系统，让这条孕育了众多生命的母亲河，重现当年的风采。

本册我们将跟随着江小豚走进江豚自然保护区，走进长江，了解人们为留住长江江豚的微笑所做的努力！

长江江豚保护日

引子

江豚湾的生活宁静而安逸，在大家的精心呵护下，江小豚和江小丫一天天长大。

“哥，有个秘密告诉你……”江小丫摆动着胖胖的鳍肢，笑嘻嘻地说，“最近在南京有个江豚狂欢节呢!哥哥带我去玩！”

“这个狂欢节是为庆祝国际淡水豚纪念日，也是长江江豚保护日而举办的。带你去可以，一路艰辛你可不许哭鼻子。”在妹妹面前，江小豚总是摆出一副成熟的样子。

看着哥哥，江小丫认真地点点头。

资料链接

2010年10月19—24日，亚洲淡水鲸类保护论坛在印度尼西亚召开，来自印度尼西亚、中国、柬埔寨、孟加拉国、缅甸、印度、巴基斯坦七国的鲸类保护专家共聚一堂，商讨亚洲淡水豚类的保护方略，确定了10月24日为国际淡水豚纪念日。2019年10月24日，长江江豚拯救联盟在江苏扬州举办国际淡水豚纪念日活动，确定了10月24日为长江江豚保护日。

爸爸妈妈知道了我们的想法，爸爸说：“你们已经长大了，可以出去经风雨见世面了。”

“外面江湖危险多，小豚要照顾好妹妹，小丫要多听哥哥的话，知道吗？”妈妈叮嘱道。

江小丫："一路上我会遇到什么呢？"

目录

第三章　未来可期

第四章　江豚趣味营

第一章 我要去远方

湖里的伤疤

告别了爸妈，我们来到一片云梦泽水域，这里有一大片芦苇，每到秋天，芦荻花盛开，就像一簇簇洁白的羽毛在空中飞舞。

老远我们就收到江豚婷婷发出的信息："欢迎来我家做客。"

江豚婷婷是个美丽、温柔的姑娘，在她的引导下我和妹妹游进了一个湖湾，发现湖湾底部有一个又一个大坑，小丫问道："这里有这么多坑，是用来捉迷藏的吗?"婷婷叹了口气，给我们讲起这里曾经发生的故事。

“前几年，我家附近的岸边突然热闹起来，一艘艘采砂船开了进来，在水底挖沙，平整的湖底被挖出一个个大小不等的坑，由于坑内水域相对较深，江豚比较喜欢在那儿玩耍和逗留。”

“但是，到了冬季，长江的水位下降，一些浅水区的陆地会露出水面与长江分隔，留在坑内的江豚就会被困在里面。如果里面的小鱼吃完了，江豚就会被饿死；水位继续下降，江豚还会有搁浅的危险!”

听到这儿，我们吓得大气不敢出。

婷婷接着说：“不仅仅是江豚被困在里面没法再游出来，挖沙还直接破坏了江湖底部的生态，所有底栖生物、底栖鱼类，以及依靠这些生物生活的其他水生生物的家园被倾覆；每个沙坑就是一个伤疤，还让江河堤岸不稳定……”

江小丫懂事地游过去，用鳍肢轻轻地拥抱着婷婷，真想把她心中的伤痛一起抹去……

可怕的渔具

在婷婷家停留了两天，我和江小丫就启程游向长江。妹妹生平第一次见到长江，波涛汹涌的江水让妹妹震惊不已，她胆怯地躲在我身后。

摸摸妹妹光滑的额头，我轻声安慰：“别怕，慢慢就适应了。”

在我的鼓励下，妹妹紧跟我投入波涛之中，勇敢地向着下游游去。

江水有些浑浊，我们奋力游着，游到一处水草茂密处，见鱼类较多，我对妹妹说："小丫，我们休息一会吧。""好呢！我肚子正好饿了。"江小丫说罢就向旁边的一群小鱼追逐过去。

顺着小丫游去的方向，我发现一条10多米长像管道一样的网具，两侧的网口被绳子封住，透过细细的网眼，可以看见里面有好多的小鱼，开心的小丫正打算去捕网里的鱼，我大声地呵斥："危险，不要靠近!"吓得小丫赶紧停住，一脸疑惑地望着我。

我说："这是贪心的人下的一种定置网，叫地笼。这种网很长，网眼又小，大鱼、小鱼进去后都出不来。有许多江豚因为钻进网里去抓小鱼而不能再游到水面换气，最终被活活地憋死在里面了。"

“你是怎么知道的，哥哥？”

“上次我和妈妈从石首回江豚湾的路上遇见过，妈妈跟我说的。”

“好险呀，”小丫调皮地吐了个泡泡，“幸亏你及时阻止。”

我接着说道：“长江里不光只有这一种网，还有迷魂阵、三层刺网、滚钩，还有些人用电来电鱼，用炸药炸鱼，这些恐怖的捕鱼网具和方法，不仅让大小鱼都遭殃，而且会危害到我们。以后在路上一定要小心这些有害的渔具！”我严肃地叮嘱妹妹。

回声定位失灵了

游过一段水路，眼前是一个热闹的港口码头，江面渐渐变宽，江中的船只也越来越多。第一次看到这么多船只在水面上穿梭，妹妹有点儿胆怯。

徘徊间，突然传来“嗡嗡”的巨响，一艘大铁船向我和妹妹驶来，船尾卷起了白色的巨浪，吓得她连忙躲到我的身后。我带着妹妹迅速转弯深潜，憋着气在江底前行了好大一段，才浮出江面呼吸。

望着呼啸而过的大铁船，江小丫满脸的困惑。“奇怪……我们不是有回声定位的本领吗？为什么刚才我没有提前感知到它在靠近呢？”

“以前曾听老一辈说过，大型机动船的尾部都安有螺旋桨，它开动时会发出巨大的轰鸣声。面对这些嘈杂的声音，我们的回声定位功能会被严重干扰，我们还很有可能晕头转向与轮船相撞呢。”江小丫满脸惊讶。我接着说：“螺旋桨转动时还会产生漩涡，我们很容易被吸进去。螺旋桨坚硬的叶片会把我们打伤，我们甚至会死于螺旋桨下……”。

“螺旋桨好可怕！”妹妹的声音颤抖着。

黑色怪兽

沿途的风景不停地变换着，我们边游边欣赏。突然江水越来越浑浊了。眼前模模糊糊，只能隐隐约约看到一些五颜六色、奇奇怪怪的东西漂浮在头顶的水面上，偶尔还飘来几条臭烘烘的死鱼和烂虾。

“哥哥，这里的水好臭啊！”江小丫也发现江水不对劲，朝我嘀咕。

“是啊，这江水怎么又脏又臭呢？”

“哥哥，你看！”江小丫好像发现了什么。只见不远处，一股臭臭的黑水从一个粗粗的管道里冒出来，像一个长着魔爪的怪兽。

我们俩奋力地划水，努力远离那股黑流，然后探头在水面四处张望。

这里离岸边很近，沿岸有一排低矮的砖墙，里面传出机器工作的嘈杂声。我发现每隔一段距离，砖墙的底下就有一个粗粗的管道伸进江水里，浓浓的黑水就是从那些管道里冒出来的。

我突然想起妈妈在出门前给我的叮嘱。她说："沿江一些不守规矩的工厂在生产时，会把废水不经处理就排入长江，甚至把一些垃圾直接倒入长江，江水就这样被污染了。你和妹妹路过这样的地方一定要远离，千万不要吃那里的小鱼。"

我赶紧告诉妹妹："我们赶快离开这儿！"

我带着江小丫加快速度游出了这片污染的水域，把那一个个长着魔爪的"怪兽"远远地甩在了身后……

岸坡太硬了

随着江水顺流而下，我和妹妹游到一个高楼林立的城市，一座大桥横跨在大江两岸。江边修建了漂亮的江滩公园，悠闲的市民正在打拳、散步。

平和、安宁的环境，让我们心情跟着愉悦起来。古灵精怪的妹妹开心地秀起她的特技“侧身游”：身体没入水中，只有一部分尾鳍露出水面，看上去像极了竖着的“背鳍”。她高超的“演技”果然引起岸上人们的注意。

“鲨鱼？哇塞！超级凶啦……”一时间，大家沸腾了。差不多时，妹妹才慢慢地将尾鳍送出水面，露出真面目。

“哈哈，原来是江猪子呀！”有眼尖的人发现。

“真的吗？我还是小时候坐轮渡过江看过江猪子呢！”一位阿姨兴奋地挤到人群前面向水中张望着。

几个年轻人端起手中的相机朝我们猛拍。我拉着妹妹慌忙潜入水中。

当我俩再次游出水面呼吸的时候，我发现江小丫的表情有些沮丧。

“哥哥，我们离开这里吧！”妹妹抬起鳍肢，指了指堤岸。

我摸了摸妹妹光滑的额头，笑着说：“怎么了，刚才你不是玩得挺开心的吗？”妹妹委屈地说：“可是这里的岸边，都被水泥固化了，既没有摇曳的水草，也没有游来游去的小鱼小虾，我不喜欢硬硬的堤岸……”

资料链接

在长江干流，有很多自然河岸被固化，硬化的堤岸隔绝了土壤与水体之间的物质交换，使得一些生物失去了赖以生存的环境，鱼类资源减少，也影响到长江江豚的生活。

动物界超声小能手

人类耳朵可以听到的最高声波是2万赫兹。

狗能听见上至3.5万赫兹的声波。

猫能听到6.5万赫兹的声波。

老鼠能听到高达10万赫兹的超声波。

江豚发出的声波为12.9万赫兹。

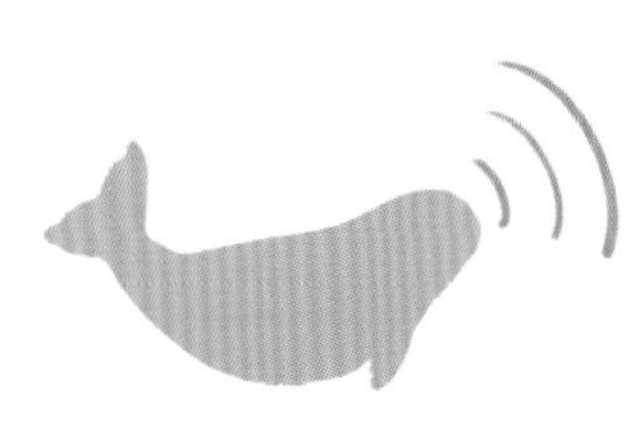

蛾子能听到20万赫兹的超声波。

声呐系统

由于长期在浑浊的江水中生活，江豚的视力逐渐退化，但它们拥有独特的声呐系统，可以探测环境，寻找食物以及与同伴交流。

江豚的发声器位于鼻孔的下方，被称为“气囊群”，能发出高达10万赫兹的声呐信号，由它发出超声波信号，经由位于前额的“额隆”将声信号集中、放大、发射出去，通过接受反射信号，来分辨前方物体的距离、大小、形状和属性，做出相应的判断和反应。

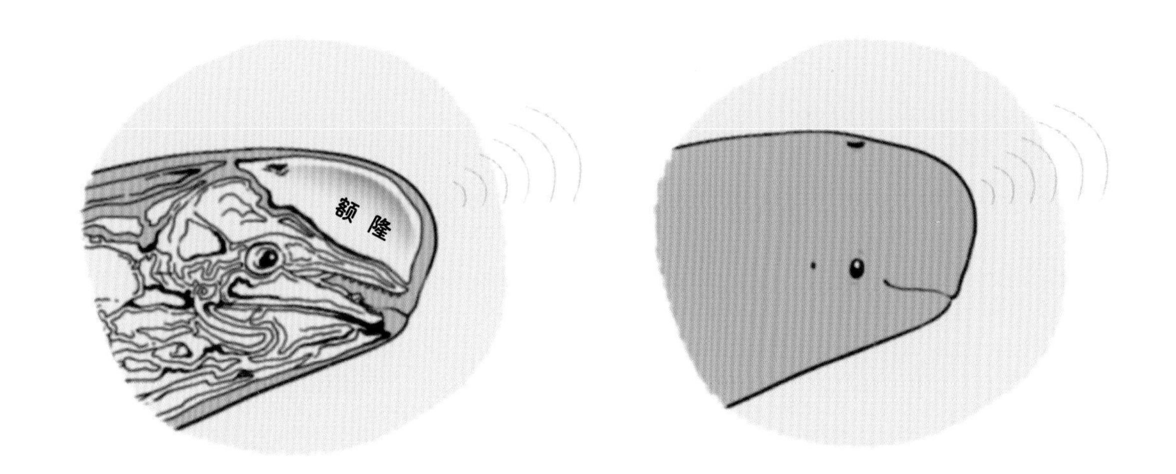

第二章　参加狂欢节

江豚庇护所

我们一路乘风破浪，历经千辛万苦，终于游到了南京。前来参加狂欢节的小伙伴真不少，湖北、湖南、江西、安徽、江苏、上海都有呢。我们欢聚一堂，分享彼此的故事。

江豚天天抢先说："我是来自湖北长江中游的天天。1987年，人们就在长江新螺段和长江石首为我们筹建保护区，到1992年，成立了湖北长江新螺段白鳘豚国家级自然保护区和湖北长江天鹅洲白鳘豚国家级自然保护区。科学家把5头江豚从长江迁入湖北长江天鹅洲故道水域中进行保护，后来又迁入了10余头，现在这里豚丁兴旺，每年都有小江豚出生，2023年这里已经有100多头江豚了。"

"湖北天鹅洲故道水域是人类为我们建立的第一个迁地保护场所，我就是在那里出生的。"我自豪地补充道。

"湖北在监利何王庙、湖南在华容集成垸建立了迁地保护区场所。2015年3月27日，农业部从鄱阳湖将4头江豚迁入这里，后来又从天鹅洲故道迁入12头江豚。"天天接着说，"现在那里已经有30多头长江江豚了。"

“我来自江苏南京长江江豚省级自然保护区。”

“我来自安徽安庆江豚省级自然保护区。”

“我来自安徽铜陵淡水豚国家级自然保护区。”

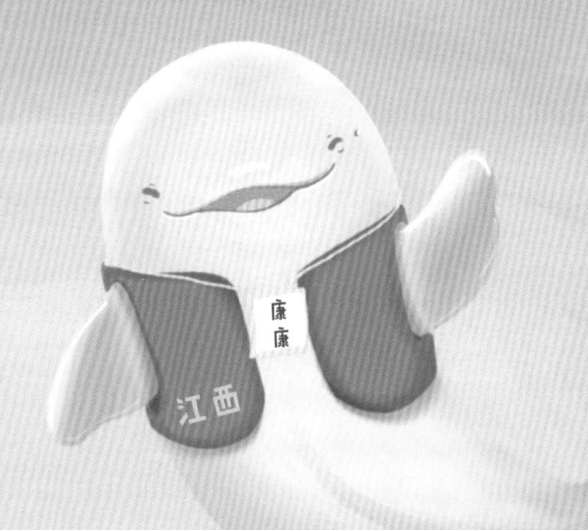

“我来自江西鄱阳湖长江江豚省级保护区。”

看着别人纷纷介绍，小丫忙说道：“我来自江西鄱阳湖的江豚湾，我们那里的家族成员有200多位呢。”

“我来自江苏镇江长江豚类省级自然保护区。”

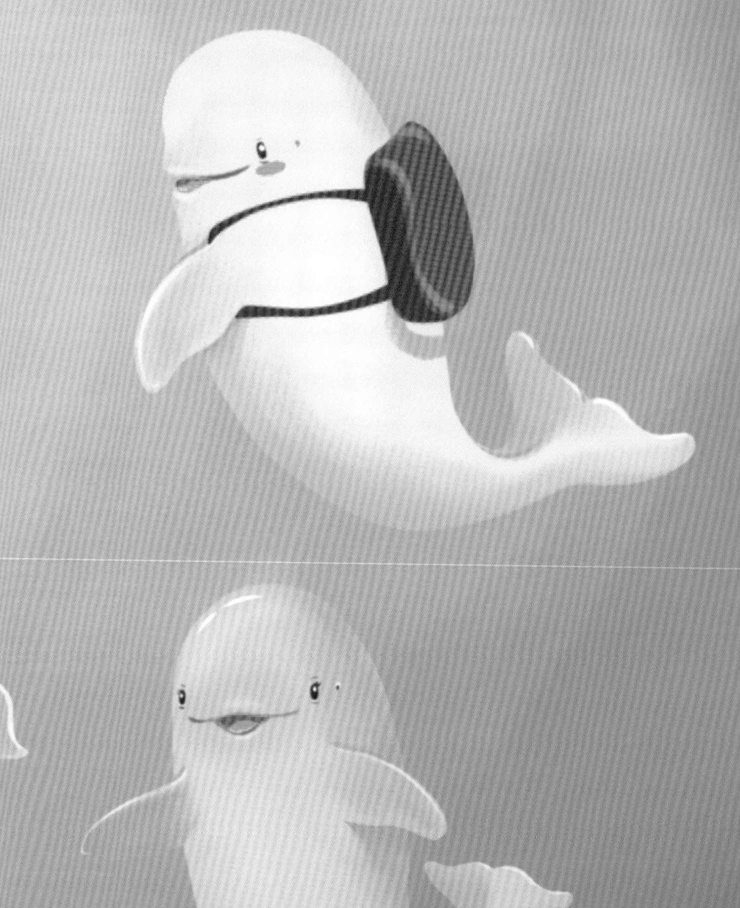

我统计了一下，人类专为我们建立的保护区有8个，还有5个迁地保护场所。

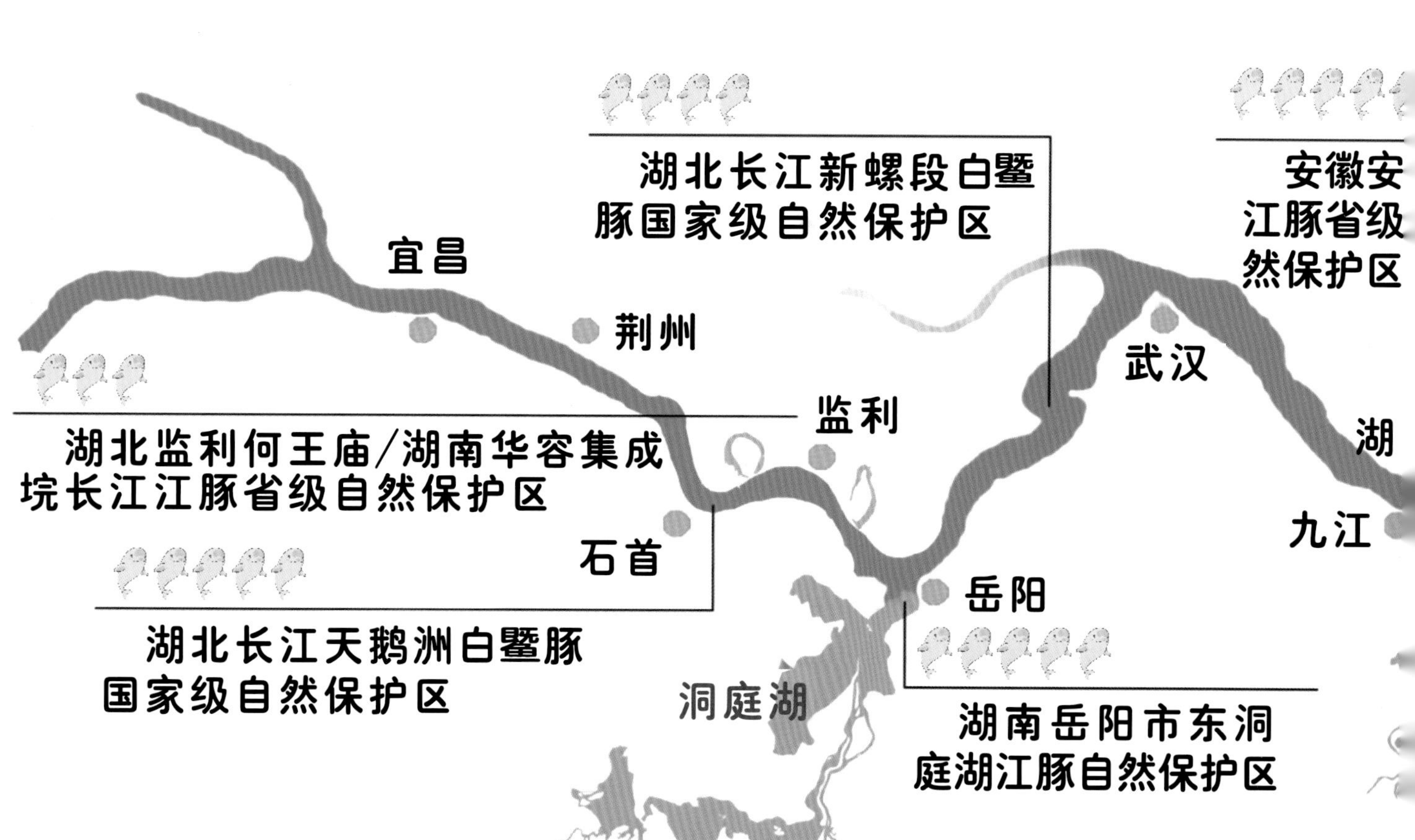

我想："有了人类给我们建立的这些庇护所，长江江豚家族一定会兴旺起来的。"

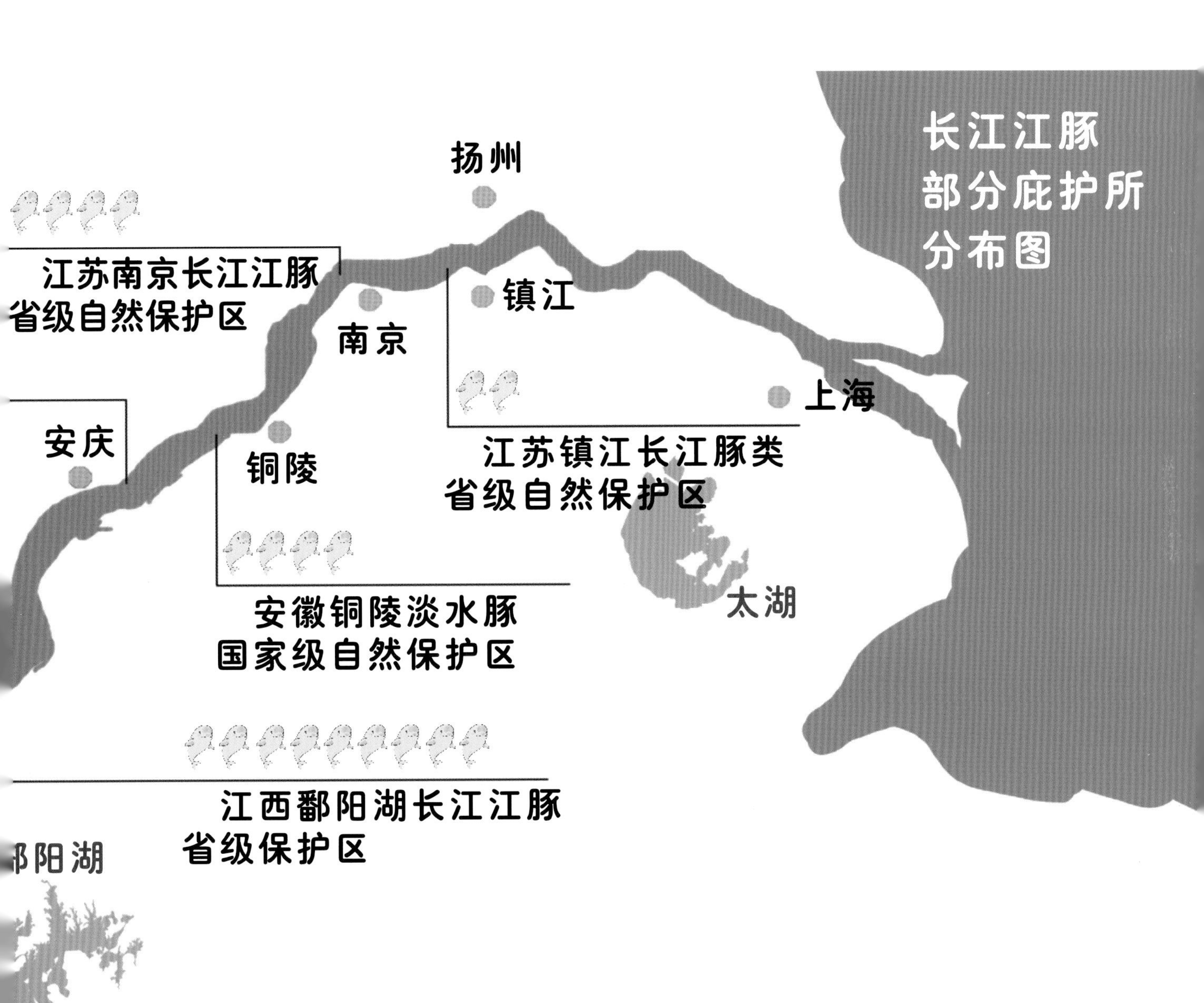

救助指南

“哥哥，我们去那边看看吧，那里有好多展板。”小丫拉着我向展览区游去。靠近一看，原来是江豚救护知识展。

见到搁浅尚有生命体征的江豚，首先拨打当地渔业部门电话或110。

如江豚搁浅在沙滩，可将其呼吸孔朝上摆正，在身体下挖个坑，减少地面对它的压迫损伤。

如在碎石区，可用软布托起江豚，将其转移至安全的地方。

正确姿势：双手伸入江豚的腹部，将其抱起或是两人双手平托。

用湿毛巾盖住江豚露出的背部，时常用水淋江豚的背部，保持湿润。不能盖住呼吸孔，不要让水和沙子呛入呼吸孔。

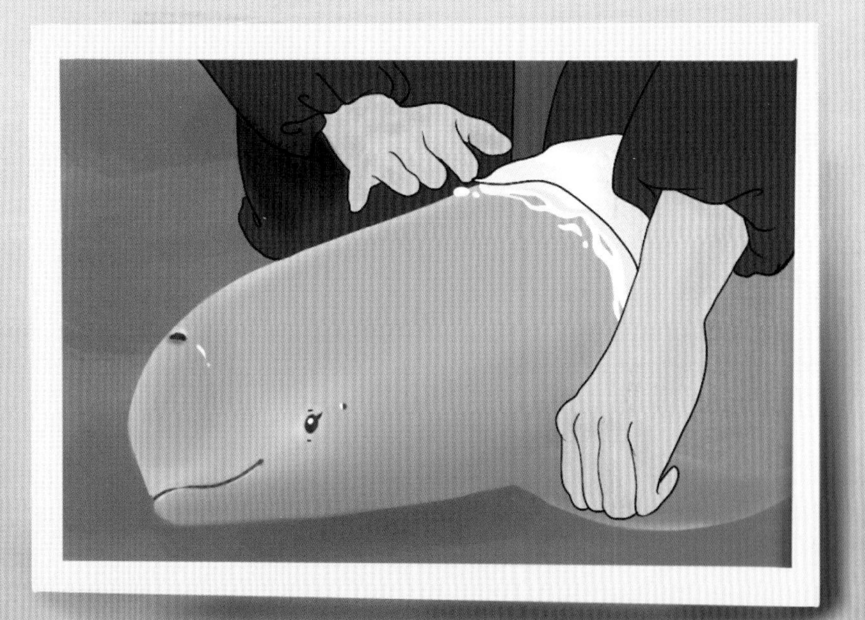

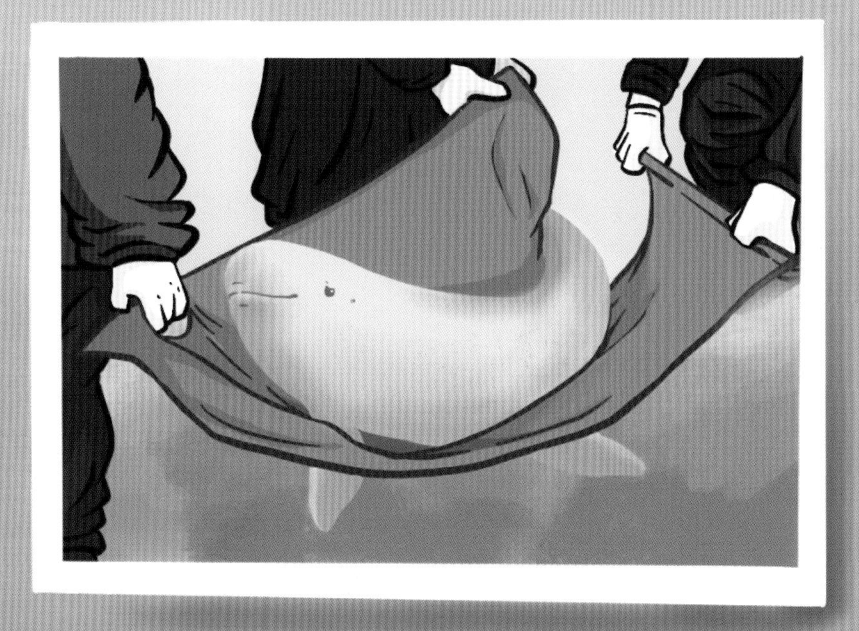

搬运需要软担架，担架两侧要各剪开一个洞，将江豚鳍肢穿过洞口放入，避免鳍肢受力压伤。

展板五

渔网缠绕是造成江豚死亡的重要因素，若江豚在几分钟内不能出水呼吸就会造成窒息死亡。

当江豚被渔网缠绕时，江豚一般会奋力出水呼吸，建议尽快将渔网割破，让其逃生。

观察一下江豚是否能正常游动，小心它们因为受伤搁浅。

展板六

被渔船撞伤的江豚一般都有明显的伤口，它们的游泳能力会受到影响。将江豚捞起，转移至浅水区照顾，同时尽快联系渔业主管部门，开展专业救助行动。

“哥哥，看来人类对我们还是很关心的呀！”小丫感动地说。

“是呀，当我们遇到危险的时候，需要人类的帮助。”

“记住了。哥哥，我们去礼堂看看吧。”小丫边说边拉着我往礼堂游去。

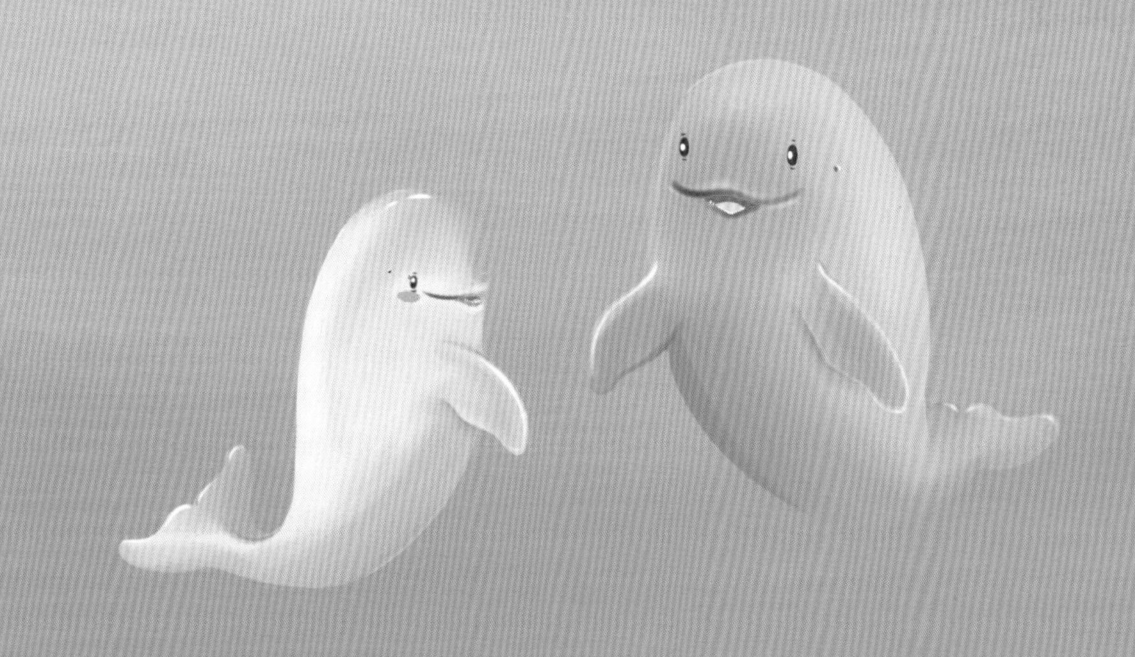

长江江豚拯救行动计划

进入礼堂，里面挤满了来自各地的江豚小伙伴，江豚安安正在给大家讲解人类为我们制订的《长江江豚拯救行动计划》。

计划目标：

1. 基本维持干流和两湖江豚自然种群相对稳定，减缓衰退速度。

2. 扩大迁地保护种群规模，增加迁地保护场所。

3. 推动人工繁育保护技术研究，加强江豚遗传物质保存。

4. 加强保护区能力建设，提升江豚自然保护区级别。

5. 开展江豚常规跟踪监测，定期评估江豚的生存状况和资源变动趋势。

6. 鼓励公众及社会各界参与江豚保护和长江水域生态环境修复行动。

7. 建设江豚保护网络，建立江豚种群保护信息库。

长江江豚拯救联盟

我们来到“长江江豚拯救联盟”的展区，江豚宁宁正在介绍：“现在人类对江豚的保护越来越重视。”

“为了调动社会各界参与拯救行动，2017年6月13日在武汉成立了长江江豚拯救联盟，大力开展江豚保护宣传，提高公众对江豚保护的认识，扩大江豚保护的影响。在江豚主要生活区域设立了‘协助巡护示范点’，引导渔民加入护渔队伍，协助渔政部门开展工作，取缔了许多有害的渔具渔法，有效打击了非法渔业活动。人们为守护我们江豚操了不少心呢。”

资料链接

长江江豚拯救联盟

长江江豚拯救联盟是在农业农村部长江流域渔政监督管理办公室的指导下，由中国野生动物保护协会水生野生动物保护分会等单位共同发起，由致力于江豚保护事业的机构和热爱江豚的企业、团体和个人组成的公益交流平台。

看着这些资料和图片，我们感动不已。江小丫说："人类为保护我们做了这么多的事。"我说："有这么多的力量在保护我们，我们未来的生活一定会很美好！"

这时，江豚康康游过来拍拍江小丫说："快过去吧，那边的节目要开始啦！"

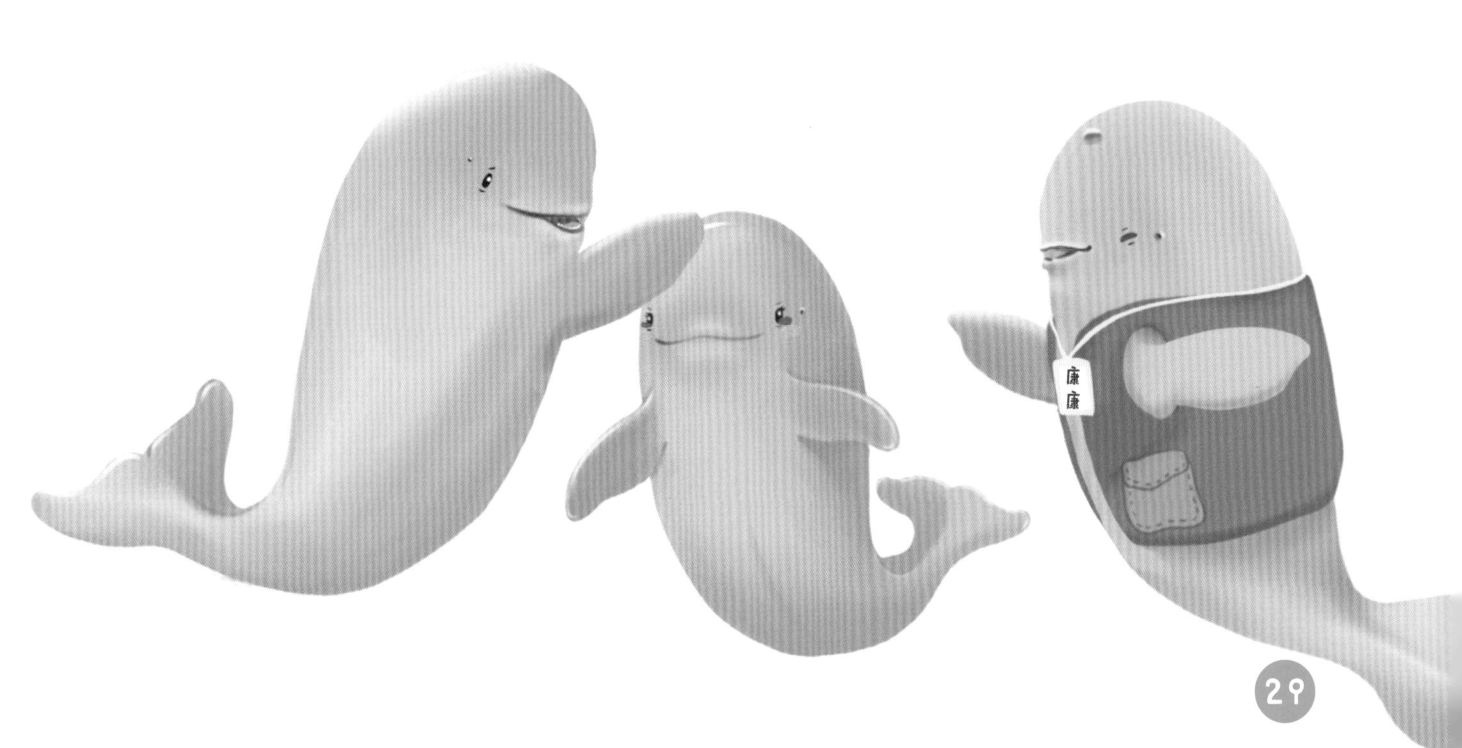

第三章　未来可期

长江禁渔啦！

江豚狂欢节的内容丰富多彩，好消息也是一波接一波的。这天一大早，小伙伴们就来到大厅，此处已是豚声鼎沸。德高望重的江豚伯伯郑重地宣布：“我们收到人类发来的信息：长江大保护开始了！长江流域将实施10年禁渔。我们再也不愁没鱼吃了！”

“啊！我没听错吧，长江要10年禁渔了，真的是天大的好消息。”

“可为什么是10年，而不是5年、8年呢?”江小丫礼貌地请教。

“哈哈，小姑娘不仅漂亮，还爱思考。”江豚伯伯乐呵呵地说。

“10年可以让许多的鱼类家族繁衍2~3代，鱼类种群数量才能显著增加，那么我们就不会因为缺乏食物而影响生存了。那时整个长江就可以彻底恢复原有的生机勃勃的景象啦。”

“太好了!”江豚伯伯身边立刻响起一片鳍肢拍击水面的声音。

看着欢乐的豚群，我憧憬着：长江经过10年的休养生息，江水更加清澈，水下的鱼儿成群游过，江豚们在没有有害渔具和高速螺旋桨的江湖里，幸福地生活……

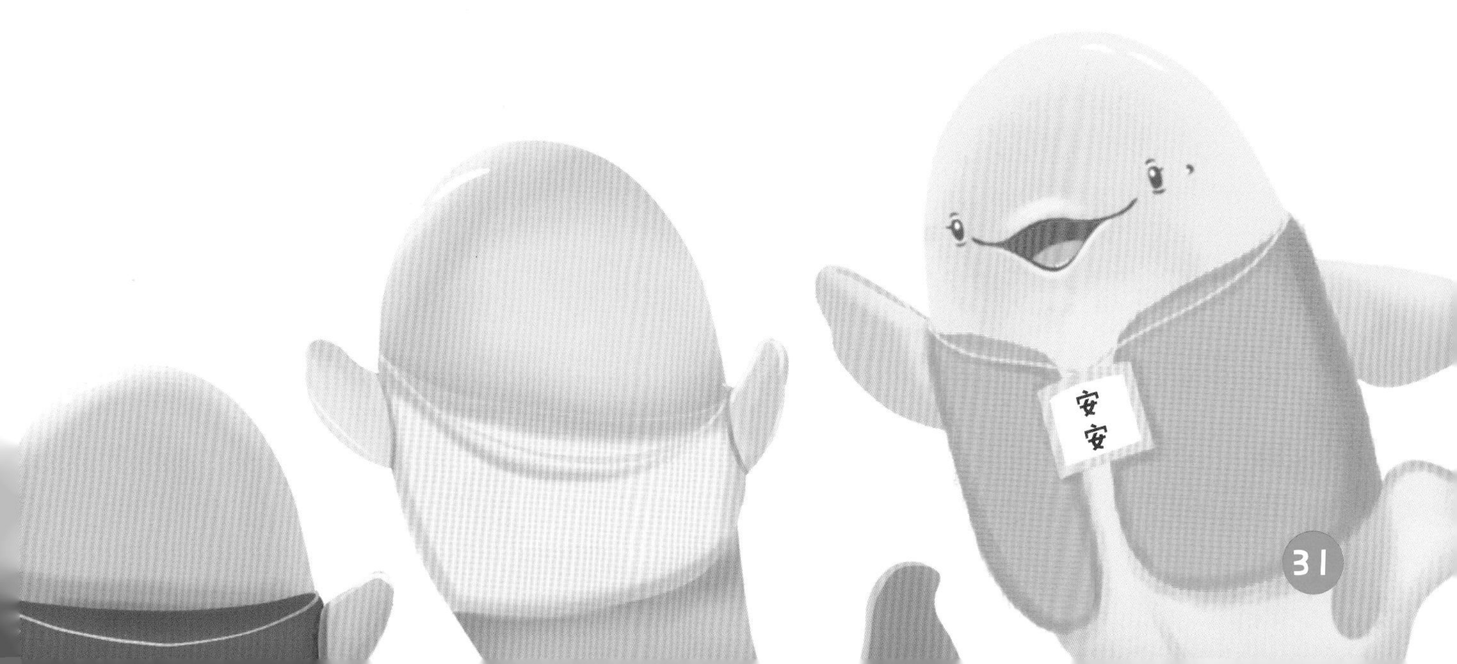

我们的护身符

“先别激动，还有好消息要宣布！”江豚伯伯挥了挥鳍肢示意大家安静。“第一个好消息：长江江豚的保护级别由原来的二级保护，上升到一级保护！”“我们是人类的一级保护动物了。”我忍不住地插了一句。

“第二个好消息：我们有了护身符，再也不用担心滚钩、渔网、沙坑、毒鱼、污水和迷魂阵了。”

江豚康康是个急性子，拨开豚群游过来嚷嚷道：“别卖关子了，快告诉我们护身符是什么？”

“人类颁布了《长江保护法》，任何人再也不能伤害我们了，否则会受到法律的制裁。”

“真好！我们可以互相串门了。”“欢迎来我们家做客。”小伙伴开心地转起圈圈，水面激起阵阵浪花，一道道欢乐的声波在水中迅速地传递着。

美好未来

欢聚的时光总是短暂的，江豚狂欢节结束后，我们来自各地的江豚结伴踏上了返乡的路程。

一路欢声笑语，一路喜讯不断。大家争先恐后地报告着来自家乡的消息。

来自江苏的喜讯：长江镇江段白鹤飞临

长江镇江段水质持续向好，两岸再现绵延碧水。江苏镇江豚类保护区首次发现“国宝”级动物白鹤的身影。

来自南京的喜讯：清水绿岸更宜居

2020年以来，长江南京段干流水质持续稳定在Ⅱ类水以上。南京长江岸线的生态功能更加显著，长江干流及入江支流水环境质量明显改善。

来自湖北的喜讯：长江两岸绿起来

长江干流及汉江、清江的非法码头不见了。山青水绿描绘长江最美岸线。

长江里的朋友回来

长江十年禁渔，拯救的不仅是鱼，长江大保护也不仅仅保护了长江江豚一种动物。开展大保护行动以来，长江珍稀濒危物种保护都得到强化，生物多样性得以恢复。近年来长江水质得以好转，退化湿地面积逐步恢复加大，水源涵养功能也明显增强。

长江里的朋友回来了。近乎绝迹而又再现的鳍鱼、长江鲟、胭脂鱼、长江刀鱼回来了。

万里长江烟波浩渺，岸边青山郁郁葱葱。我们在清澈的长江中游呀游呀，游过一座座城市、游过一个个村庄，岸边的人群友好地向我们挥手……

江小丫已经没有了来时的胆怯。她小声对我说道："哥哥，以后出门安全了，我能不能去找天天哥哥玩？"看着她羞红的笑脸，我明白了她的小心机，便冲她点了点头。她调皮地潜入江中，用尾巴溅我一身水花。

其实，在我心中也藏着一片美好，我马上四岁了，到了生育的年纪，我要去找一位好姑娘，我要把未来的家安在长江，我要带着子子孙孙畅游在万里长江！

番外篇

又是一个春末夏初的季节，水清岸绿、草丰鱼肥。长江禁渔后，水里鱼儿越来越多。

哥哥江小豚娶了嫂嫂后，我们在一起玩耍的时间就少了。

我已经长成大姑娘。真是应了那句老话“女大十八变，越变越好看”。

近来我身边总有一群毛头小子游来游去，也常常收到一条条美味的小鱼。

妈妈抚着我光滑的皮肤说：“我的小丫长大了，到了做新娘的年龄呢。”我捂着脸，羞涩地游走。

落日的余晖染红了江面，波光粼粼处，一位年轻壮硕的江豚小帅哥，追逐着一群漂亮的江豚小姐姐。他用结实的尾鳍拍打着水面激起阵阵浪花，看着她们吓得惊慌失措，他笑得咧开大嘴……

为什么要禁渔十年

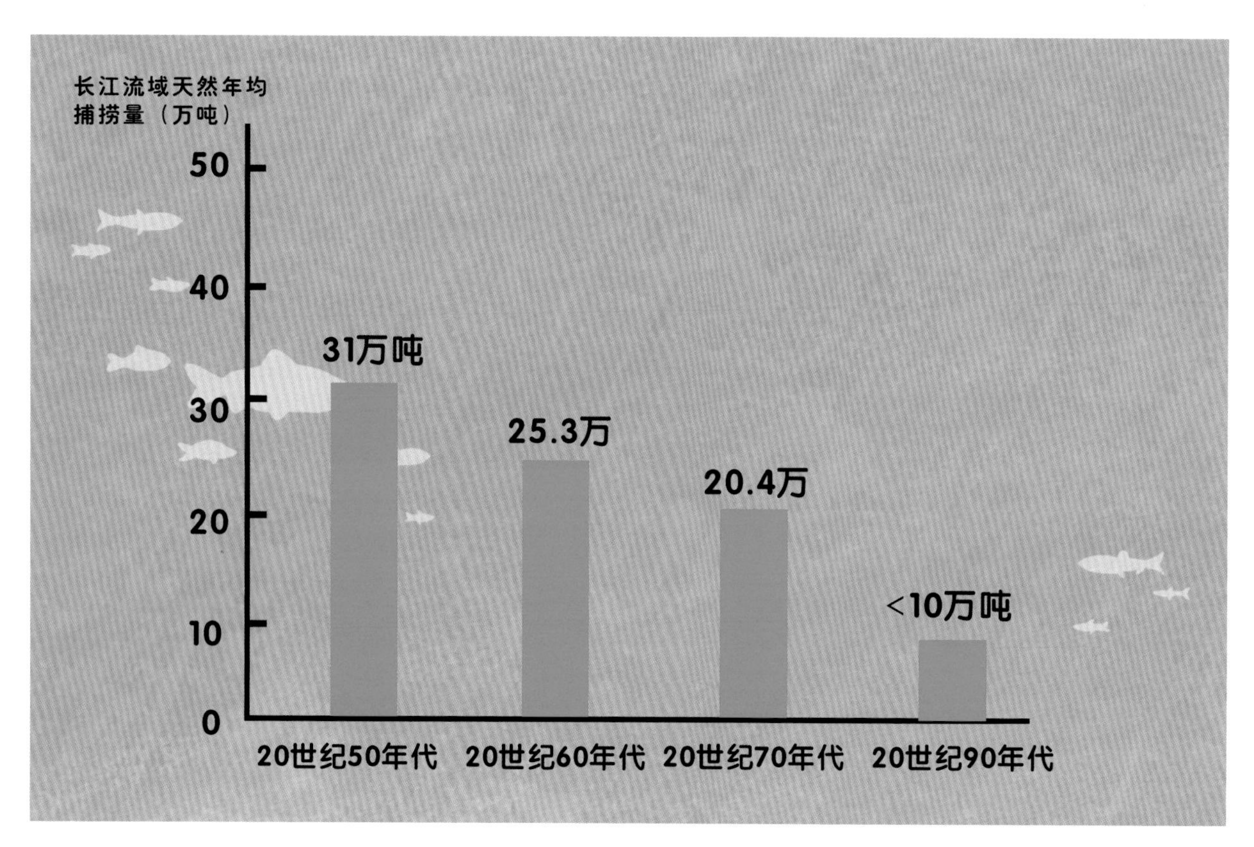

长江渔业资源急剧衰退

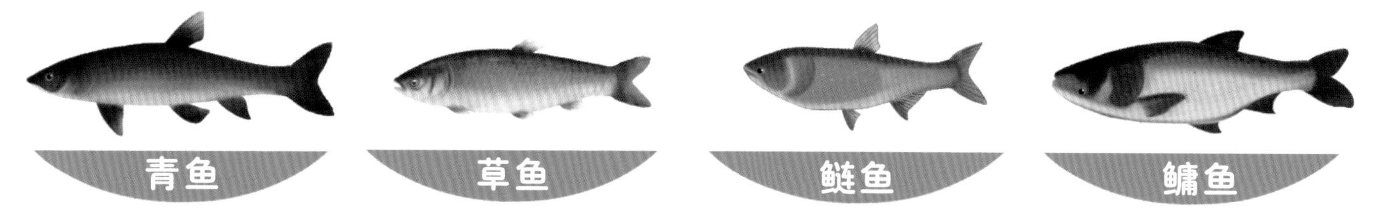

长江里最常见的“四大家鱼”——青鱼、草鱼、鲢鱼、鳙鱼，通常需要生长4年才能繁殖，禁渔十年，它们将有2~3个世代的繁衍，种群数量才能显著增加，将更有利于长江整体生态环境的修复。

长江是中华民族的母亲河，“十年禁渔”是对母亲河的一次“抢救”。

知识超市 4

长江保护法

1. 我国第一部流域法律。

2. 减少对重要水生生物的干扰。
在长江流域水生生物重要栖息地科学划定禁止航行区域和限制航行区域。

3. 禁渔。
对长江流域重点水域实行严格捕捞管理，严厉查处电鱼、毒鱼、炸鱼等破坏渔业资源和生态环境的捕捞行为。

4. 控制采砂。
依法划定禁止采砂区和禁止采砂期。

5. 防洪。
推进堤坝和蓄滞洪区建设，提升洪涝灾害防御工程标准。

6. 防治污染。
长江流域要控制磷矿、磷肥、磷化工等总磷的排放。

7. 提升水质。
长江流域全面消除劣Ⅴ类水质，干流全面达到了Ⅱ类水质。加强长江流域饮用水水源地保护。

8. 修复生态。
对长江流域生态系统实行自然恢复为主，自然恢复与人工修复相结合的系统治理。

第四章 江豚趣味营

创意巧设计

同学们，看到那么多的人为保护长江江豚所做出的各种努力，你们是不是有跃跃欲试的想法呢？你们可以做些力所能及的事情，比如成为志愿者，去参加保护长江、保护江豚的公益活动。

我们设计一枚江豚徽章吧，佩戴它参加志愿活动去。这个徽章可以印在T恤、手提袋、帽子或是自制的胸牌上。

设计构思：

① 徽章内容由图案、文字或字母组成。

② 颜色不少于两种。

③ 创意无限。

徽章示意图：

（徽章设计处）

设计说明：

动手搭建生态金字塔

我们认识了江豚以及长江众多的物种，知道了长江大保护的意义，请你构建一座长江生态金字塔。

提供的物种：江豚、白鲟、金鱼藻、菹草、芦苇、蓝藻、香蒲、浮游生物、龟、蚌、螺、小虾、武昌鱼、黄颡鱼、餐条、刀鲚、鲢鱼、鳙鱼、青鱼、鲈鱼。

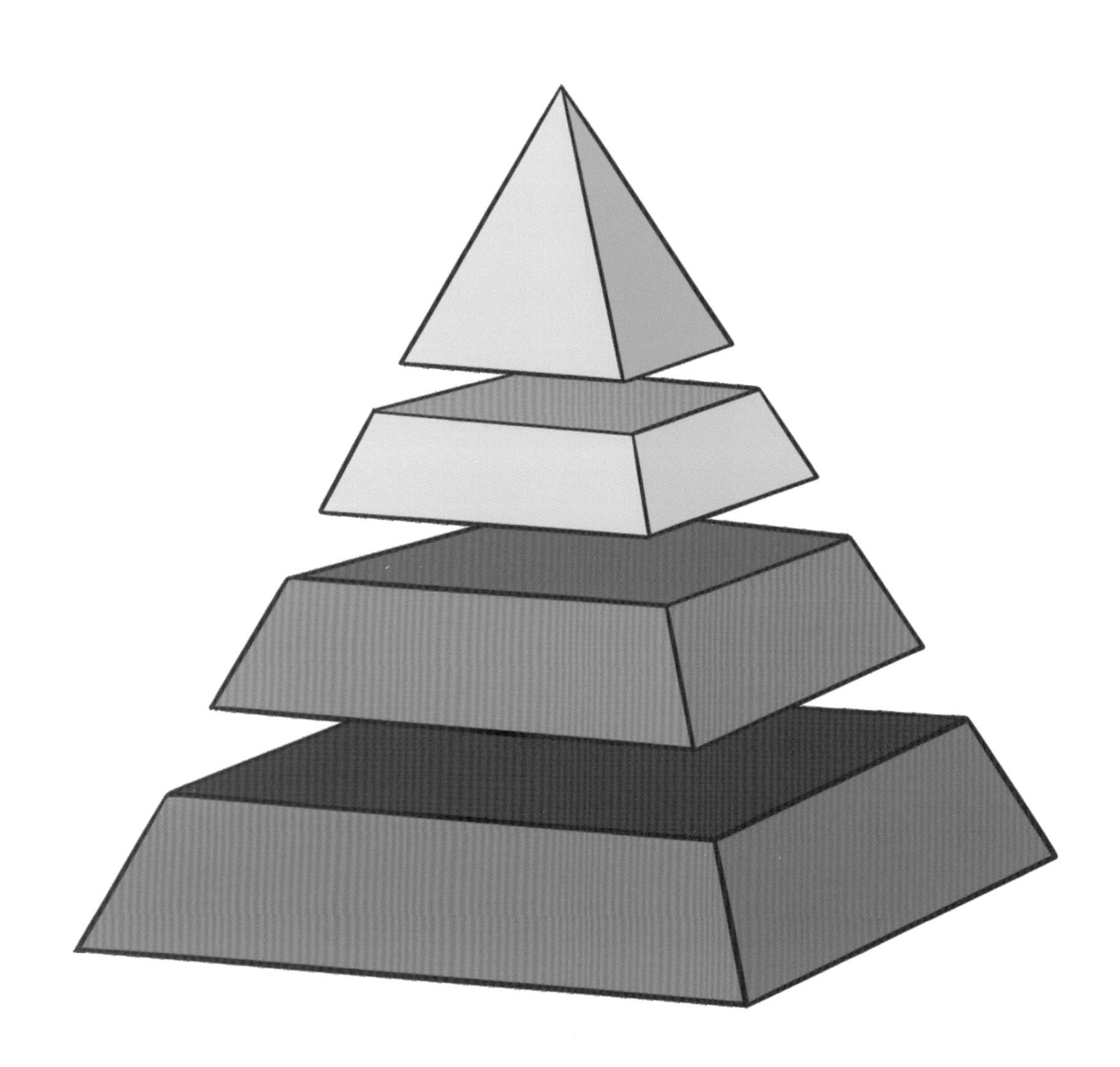

学会分析数据柱状图

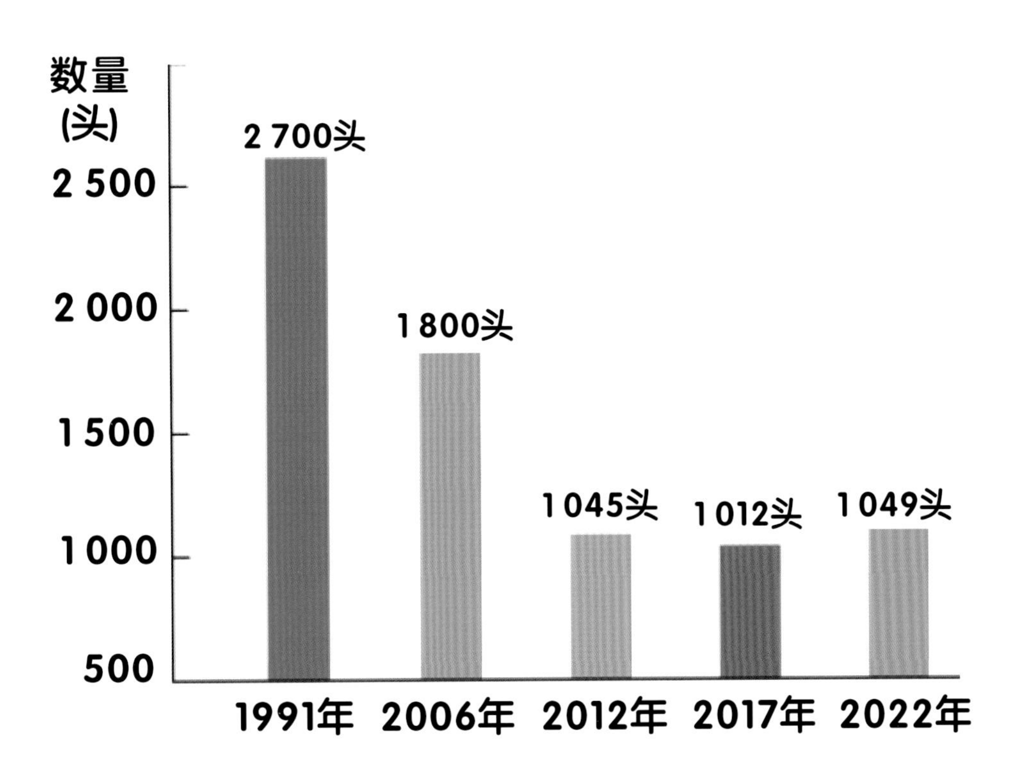

请你在下面的坐标中，用折线表示近年来江豚数量的变化趋势，以及你对未来江豚数量的预测。

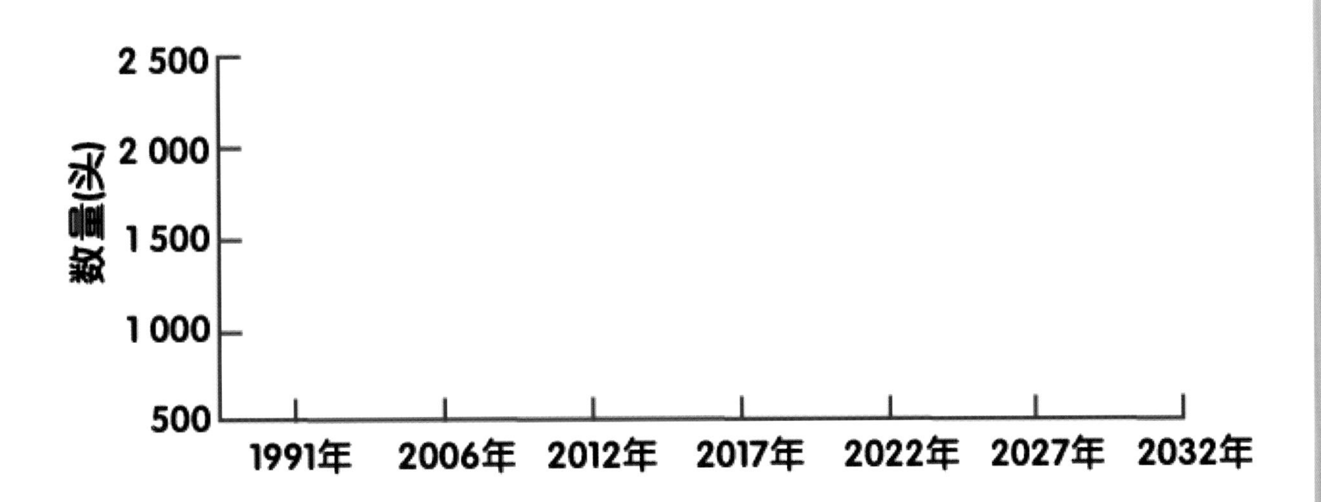

江豚及伙伴们的照片墙

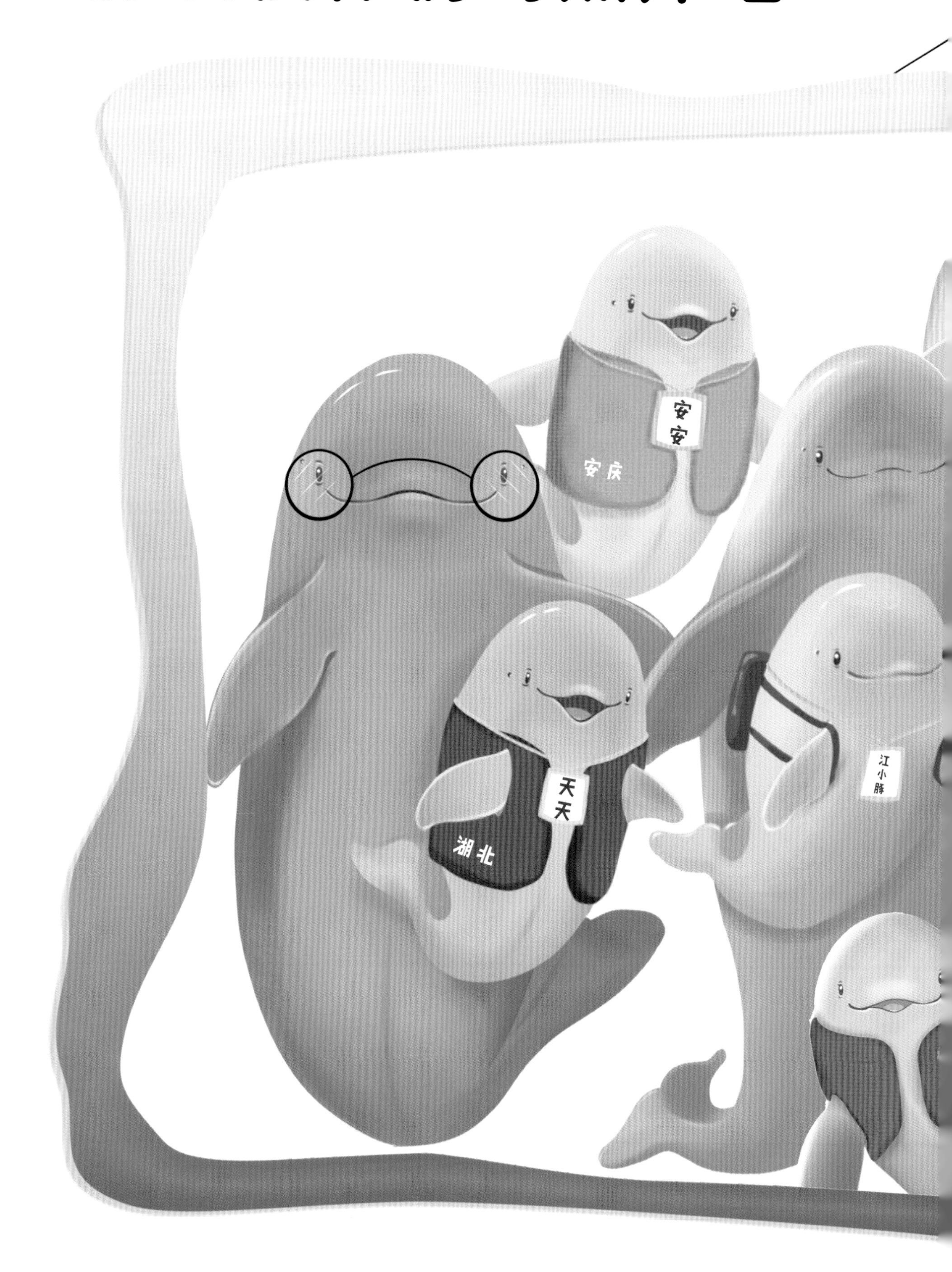

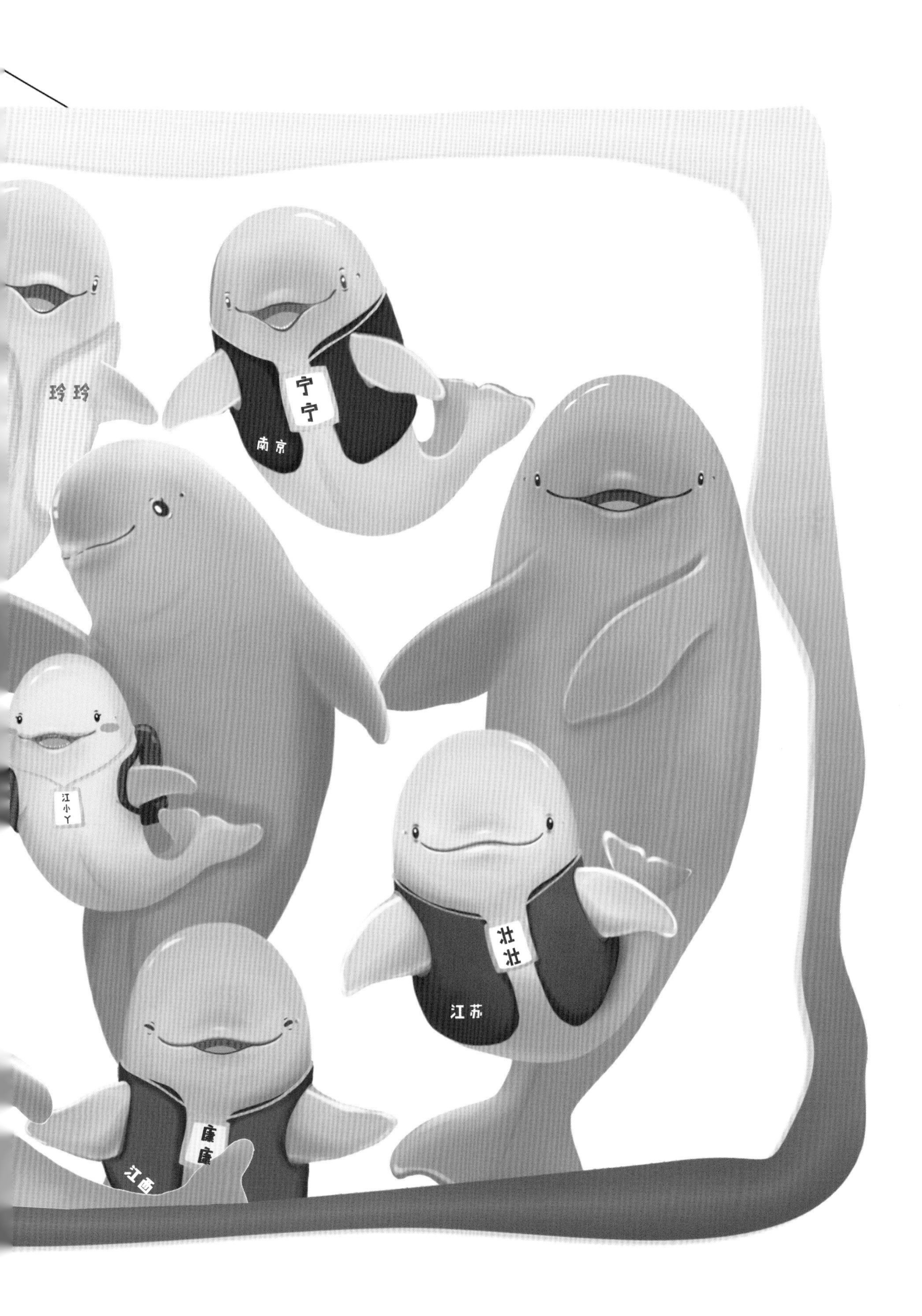

玲玲
宁宁
南京
江小丫
壮壮
江苏
康康
江西

图书在版编目 (CIP) 数据

你好，长江江豚 / 周晓华主编；高宝燕执行主编.
—北京：中国农业出版社，2023.10
ISBN 978-7-109-31141-1

Ⅰ. ①你…　Ⅱ. ①周… ②高…　Ⅲ. ①长江流域－水生动物－动物保护－青少年读物　Ⅳ. ①Q958.8-49

中国国家版本馆CIP数据核字 (2023) 第180508号

你好，长江江豚
NIHAO，CHANGJIANG JIANGTUN

中国农业出版社出版
地址：北京市朝阳区麦子店街18号楼
邮编：100125
责任编辑：杨晓改　李文文
责任校对：吴丽婷
印刷：北京通州皇家印刷厂
版次：2023年10月第1版
印次：2023年10月北京第1次印刷
发行：新华书店北京发行所
开本：880 mm×1230 mm 1/16
总印张：11
总字数：250 千字
总定价：180.00 元（共3册）
